"文化旅游：绍兴故事新编"丛书

绍兴名村

朱文斌　何俊杰 主编

余晓栋　丁晓洋　张书娟 副主编

浙江工商大学出版社
ZHEJIANG GONGSHANG UNIVERSITY PRESS
·杭州·

图书在版编目（CIP）数据

绍兴名村 / 朱文斌，何俊杰主编. — 杭州：浙江工商大学出版社，2023.3
（“文化旅游：绍兴故事新编”丛书；5）
ISBN 978-7-5178-4814-1

Ⅰ. ①绍… Ⅱ. ①朱… ②何… Ⅲ. ①乡村—介绍—绍兴 Ⅳ. ①K925.75

中国版本图书馆CIP数据核字（2022）第010066号

绍兴名村

SHAOXING MING CUN

朱文斌 何俊杰 主编

出 品 人 郑英龙
策划编辑 任晓燕
责任编辑 熊静文
责任校对 韩新严
封面设计 屈 皓 马圣燕
责任印制 包建辉
出版发行 浙江工商大学出版社
（杭州市教工路198号 邮政编码310012）
（E-mail：zjgsupress@163.com）
（网址：http：//www.zjgsupress.com）
电话：0571-88904980，88831806（传真）
排 版 杭州彩地电脑图文有限公司
印 刷 杭州宏雅印刷有限公司
开 本 880 mm × 1230 mm 1/32
印 张 44
字 数 460千
版 印 次 2023年3月第1版 2023年3月第1次印刷
书 号 ISBN 978-7-5178-4814-1
定 价 228.00元（全9册）

“文化旅游：绍兴故事新编”丛书编委会

序言

文旅融合、重塑城市文化体系，核心是激活、转化、创新文化资源与文旅产业，形成色彩斑斓、各具特色、生动活泼的文化旅游大格局，而讲好绍兴故事、传播好绍兴声音必然意义非凡。

由浙江越秀外国语学院、浙江传媒学院组织编纂的这套“文化旅游：绍兴故事新编”，是面向广大青少年和游客的系列普及丛书。书中通过民间故事、历史逸事、神话传说等角度取材编写，系统地向大家介绍了与绍兴有关的越中名人、历史文化、名川大山、江河湖泊、千年古桥、黄酒、越茶名寺、古镇古村、名楼名阁等九大方面故事，从多种维度书写了绍兴城市独特的历史芳华，浓缩了古越大地的千年文脉意象，使之成了为广大青少年和来绍兴的游客解码绍兴城市历史文脉的一把钥匙和引领他们漫溯古越文化的一艘时光乌篷。

丛书中的故事通俗易懂、情节跌宕起伏、语言优美生动，既有历史的维度，又有文化的内涵，每个专题在用多个故事还原绍兴历史文化的同时，对绍兴大地的风物、地

貌、人文、历史等方面都进行了故事性的直观描述和清晰解读。在这本书里，绍兴已不仅仅是一个停留在人们头脑里的地域性存在和耳朵中听闻的故事叙述的空间，而是变成了一个向广大青少年和游客诠释、展示和输送绍兴整座城市精神、气质、品格的重要平台。我想，这部丛书的出版对于广大青少年和游客应该可以产生三个层面的积极影响：

一是使广大年轻人更加了解绍兴故事和感知绍兴文化。丛书中大量吸引人、感染人的故事情节和故事事实，可以使年轻人更加了解素称“文物之邦、鱼米之乡”的绍兴是“山有金木鸟兽之殷，水有鱼盐珠蚌之饶，物有种养工贸之丰，城有山水人文之绝”的；同时使年轻人更加深刻地感知到灵光四射的越中历史文化，体悟到延绵不绝的绍兴人文思想，并让这种深厚的历史文化与风土人情形成持续的吸引力与影响力，熏陶、浸润和教化一批又一批的年轻人。

二是使广大年轻人更加热爱绍兴故事和敬仰绍兴文化。

让广大年轻人在了解绍兴故事和感知绍兴文化的基础上，更加充分地了解到，在绍兴这片古老的大地上，一万年前就有于越先民繁衍生息，中华民族的人文始祖在这里开天辟地，灿若星辰的先贤名士在这里挥洒才情；感知到，从越国都城到秦汉名郡，从魏晋风流到隋唐诗路，从南宋驻跸到明清士都，从民国峻骨到新中国名城，绍兴先民在古越大地演绎了荡气回肠的侠骨柔情和续写了延绵不断的千年文脉，使年轻人发自肺腑地生出热爱绍兴故事的人文情怀和敬仰绍兴文脉的文化凝聚力。

三是使广大年轻人积极传播绍兴故事和弘扬绍兴文化。当广大年轻人对绍兴故事和绍兴文化产生强烈的人文情怀和较强的文化敬仰之情时，他们就会自然而然地将绍兴文化中的人文精髓植入并内化到自己的生活、学习之中，并会自觉向更多的人讲述他们眼中的绍兴故事、文化特色和人文情怀，并能够积极地将那种跨越时空、超越国度、富有魅力并具有当代价值的绍兴文化精神自觉地传播和弘扬开来，从而在故事的讲述中延续绍兴传统历史文化的价值体系，使绍兴独特的历史文脉传承有序，长盛不衰。

实现上述三个层面的效果就是我们广大文旅工作者和教育工作者为广大青少年朋友讲好绍兴故事的应有之义和必然选择，我想这也应是浙江越秀外国语学院组织编纂“文化旅游：绍兴故事新编”这套丛书的题中真意和初衷本意了。

讲好绍兴故事，首先要让年轻朋友们融入绍兴情景并产生感动。就让我们在这套丛书的故事中陪同大家品读和感受绍兴的江南意涵与万年气象吧。

何俊杰

（中共绍兴市委宣传部副部长、市文化广电旅游局局长）

2019 年 11 月 24 日

目录

禹裔家斜村

一片秀岭掩春秋，何酒能来就；一把耒耜泽九州，寻来丝竹奏；一脉相守一脉岭，余门传永兴……轻和着村歌，我们走进了千年古村——家斜村。

冢斜村坐落在绍兴会稽山脉的南麓，是大禹后裔集聚村，为绍兴首个获批的中国历史文化名村。春秋战国时期，冢斜是皇家陵园。《嘉泰会稽志》和《康熙会稽县志》均有记载，说越和唐宋宫人多葬于此。冢，坟墓；斜，宫人。相传，大禹夫人涂山氏也葬在冢斜大龙山麓铜勺柄。

冢斜人杰地灵，历史上名人辈出。明状元、兵部尚书余煌，河南布政史余炳焘等皆为余氏后裔。

余炳焘是道光元年的举人，任河南怀庆知府时，指挥了一场坚守五十八天的怀庆保卫战，使太平天国征北无功而返。此役中，朝廷下旨赏戴花翎，以道员用，升并任陕西凤邠道。不久又任河南南汝光道、按察使等职。

余炳焘一生战功无数，除了赫赫有名的怀庆保卫战，在渭南知县任上时，平定了县内“刀客”之乱，他查知马得全等一伙下落后，亲率官兵捉捕，活捉二十余人，林则徐知道后对他大加赞叹，并亲上奏折《请鼓励渭南县知县余炳焘片》。道光皇帝虽在鸦片战争中将林则徐免职，但对他还是怜惜有加的，见是林则徐上折推荐之人，下旨要余炳焘上京参见。在廷上，道光皇帝详细询问了平定“刀客”之乱的经过，并询问：“汝浙人能骑乎？”余炳焘答曰：“入捕期速，非骑不能率也。”此事，成为余炳焘宦途中的转折点。

后来余炳焘又平息了禹密联庄会之变，在平捻作战中又“围魏救赵”解亳州围。

咸丰七年（1857）三月，余炳焘痰涌不能言，四月初二病亡，扶灵南归，下葬于家乡。病亡后，朝廷赏赐荣耀之极，三代皆诰授资政大夫，晋授荣禄大夫，配偶皆诰赠一品夫人，族中男性也几代皆有荫封。清代重臣毛昶熙（官至兵部尚书）为余炳焘作传，守稷辰（绍兴人，与余炳焘为同科秀才、同科举人）为之作墓志铭。

余炳焘的丰功伟绩不仅得到了皇帝的赏识（在他至怀庆府赴任时，皇帝下拨赴任经费白银十万两），还得到了各县令的敬仰（在他六十寿辰的时候，各县令纷纷给他送贺礼，表达敬意）。这些白银元宝和无数珍稀宝贝，相传藏在村里，给后人留下了一个千古谜团——冢斜村宝藏之谜。

八老爷余炳焘出生在冢斜的一个老台门里，当官后又建了下新屋（又称八老爷台门），位于古村东侧。该台门前后三进，内设大院，台门口两侧立有两块恩科旗杆石板，东西边均有侧厢。余炳焘晚年就住在这里。

后来因为战乱，余炳焘的子孙后代把白银珠宝藏匿了起来，据说共十处，有子孙列册（有人叫藏书）。后来村民在建造猪棚、翻新菩萨石像、建造火炉时各发现一处。此外，传说有人看见八老爷的子孙把一条金凳埋进村南面的轰溪山，虽常年有人上山寻找，但至今未被挖掘。关于宝藏留有藏文——“离墙三尺”“半只粪缸里，半只粪缸外”。若是有时间好好研究，或许我们能找到那些留在时光里的宝藏。

冢斜，是古朴与自然的结合体，在历史的长河中历久弥香。当光阴的痕迹与现实的意境交汇时，冢斜的那一份古朴幽雅，让人不禁想伸手去触摸。冢斜的村民也如冢斜的文化一样，是简单、平静、祥和的。

阵阵松涛声，朗朗读书声，座座老台门，村前清澈的小舜江一路向东，向我们诉说着一个宗族曾经的辉煌，耕读传家，忠孝两全，本支百世，流芳千年。

藏宝项里村

项里村，位于浙江绍兴柯岩街道。从村名的“项”字，便可知晓村庄一二。“项”即项羽，谈起项羽，大家一定耳熟能详。项里村是项羽起兵的地方，项羽因叔父项梁犯命案，两人一同到项里村一带避难隐居，得到了当地村民庇护。此后，他们在项里村暗中积聚力量，募集了八千江东子弟练兵，日夜操练。

项里村村东有座草湾山，相传项羽在此处埋下一大笔宝藏，据可靠研究，至少有铸好的十二面金锣。在江东起兵前夜，项羽叔侄怕连累一直庇护并暗中帮助他们的项里村村民，命士兵在项里村村东草湾山附近挖坑藏下了这笔宝藏，其中就有此前铸好的十二面金锣，然后又在草湾山上凿下神秘莫测的字符密码，凡是可以破解其中奥秘的人，就能找到包括这十二面金锣在内的宝藏。如果江东起兵失败，他们可凭这十二面金锣东山再起，后人称这些字符为“项羽藏宝图”。

这十二面金锣，质地百分之八十为金，百分之二十为铜，大如车轮，价值不菲。一面金锣大概有三百斤，十二面就是三千六百斤，折合一千八百千克，不计算文物价值，就是熔炼金子，也能有一千四百四十千克，按照每克三百六十元的价格，价值将近五亿二千万元。而且十二面金锣只是那笔宝藏中有据可查的一小部分。

项羽藏宝图刻在一块不规则的五边形石头上，是用锋利的锐器所刻，所刻的笔画都是横和竖，方方正正，有的组成几个大小不等的矩形。字符样式古朴，不似篆文，也不似金文，整个图形不像是字，更像房屋的平面图。据当地村民说，这只是藏宝图的一部分，但具体由几块组成却无人知晓。

据说明末清初，绍兴著名学者张岱根据史实推断：项羽的重要战略物资，或者说金银财宝，就囤积在项里村。张岱认为项里村是项羽的“龙兴之地”，也是他最后的退路，是他东山再起的资本所在。张岱曾在草湾山一住数月，企图揭开字符之谜，但终究未能如愿。

张岱出身仕宦家庭，爱好广泛，深谙园林布置之法，既懂音乐，又谙弹琴制曲；善品茗，喜收藏，懂鉴赏，通戏曲。这样一个有大学问、真见识的名家都未能解开字符的奥秘，可见其难度之高。同样，乾隆皇帝也曾寻宝不获。

两千年来，时时有人在山上发现项羽留下的字符，但至今没有人能解开字符的含义。甚至到了今天，依旧有来自社会各界的人前来探寻宝藏之谜，想要寻找真正的答案。

项羽死后，村庄更名为“项里村”，为了纪念这位失败的英雄，村民建起项王庙，塑项羽和虞姬像，设立金字牌位，上写“西楚霸王项羽之位”。大殿左边还塑有一匹至死不离项羽的乌骓马。

当地百姓还尊项羽为菩萨。逢年过节，百姓们都会前来拜望这位英雄，供奉不断。时至今日，项里村依旧延续这千年来的拜望传统，祈愿香火生生不息。

浩气梅墅村

“运会厄阳九，君迁国破碎。鼙鼓杂江涛，干戈遍海内。我生何不辰，聘书乃迫至。委贽为人臣，之死谊无二……”说的就是梅墅村人祁彪佳的故事。

柯岩街道梅墅村位于104国道、杭甬铁路以南，靠近中国纺织之都——中国轻纺城。梅墅村东至柯岩生态产业集聚区，南至休闲高档居住区，西至国家柯岩鉴湖旅游风景区，北至绍兴古运河，地理位置十分优越。说到梅墅村，就要说起一位名人祁彪佳。

祁彪佳出生于梅墅村，是著名藏书家祁承㸁之子，天启二年（1622）进士，崇祯四年（1631）升任右佥都御史。祁彪佳仕途达二十余年，他关心人民疾苦，赈灾施药，敢于直言，还志趣高雅，是一位有名的戏曲理论家、散文家、园林艺术家和著名的藏书家。他为官清廉公正，却遭奸臣罢黜多年。

崇祯十三至十四年（1640—1641），绍兴自然灾害连发，饥民遍野。有一次，接连十天大雪，整座绍兴城都看不到炊烟。成群结队的饥民公然抢掠州、县富户，吓得地方官不敢开城门。

当时，祁彪佳正在梅墅家中为母亲王夫人服丧。满百日后，祁彪佳专门找地方官商谈，说："今天的饥民，就是明天的乱民；今天抢粮食，明天就会抢官府；今天是乌合之众，明天就会成为千军万马。"地方官听从祁彪佳的意见，迅速部署人马，平息事态。

事后，祁彪佳以赈灾为己任，提笔向有关御史、地方官、周边的乡绅富户发赈灾的信函；同时，采取一系列措施平抑米价，接济灾民；借府库资金，向外地买粮；民间有余粮的，按特定方式按人口分地区供应粮食。

祁彪佳的堂弟祁熊佳事后评价说，祁彪佳全力以赴担当了赈灾的责任，身体力行、体恤灾民，以真诚打动了富家大户，大家都云集响应，因此而活下来的灾民数不胜数。

赈灾工作结束后，祁彪佳考虑到国内饥荒不断，一些有识之士有赈灾之心而缺少赈灾办法，就着手编辑了《古今救荒全书》。

后来明朝败落，因为避不开清兵攻占和征召做官，祁彪佳等家人睡下后，便自沉于梅墅寓园梅花阁前水池，留下绝命诗：“含笑入九原，浩气留天地。”

祁彪佳的事迹流芳百年，他刚正不阿的品质，廉德担当的品行，爱民如子、家国为大的精神，都成为后世的佳话。祁彪佳，一个让天地浩然之气永存的贤者。

夷吾谢桥村

谢桥村是谢氏聚集村，位于绍兴市越城区萧山街。谢桥村最值得谈道的就数谢夷吾了。

谢夷吾，字尧卿，东汉会稽山阴人，

为官刚正不阿，体恤百姓。早年任会稽郡之功曹吏时，连太守第五伦（字伯鱼，东汉时期大臣）妻子的车马被他的下属放入府衙，谢夷吾也敢当面予以责罚。而谢夷吾的众多事迹中柴车行春又是最值得讲述的。

大家都知道孔老夫子的徒弟中，有一个人叫子路，他性格好斗，甚至连孔子都要让他三分。在一次对抗敌人的战役中，子路帽子上的带子不小心被敌人挑断，在那种危急时刻，正常人想到的都是拼命保全自己的生命，而子路却在危急时刻开始循规蹈矩起来，说：“君子就是死，也不能不戴冠呀！”于是便停下手来，去系帽带子，敌人却不管那么多礼法，趁机就把他砍成了肉酱。

子路因为循规蹈矩不得善终，而在数百年后有人则因为不安礼教被贬了官。这就是我们的主人公谢夷吾。

在古代，官员到了春耕时都要下乡去鼓励百姓农桑，赈春荒，也就是所谓“行春”。在当时，行春是一件隆重的事情，官员代表着皇家的威严，而谢夷吾却用柴车行春，所谓柴车行春就相当于我们现在的领导下乡视察民情时坐了一辆拖拉机。这原本是一件亲民的事情，但这种打破官场礼制的做法却被说成是：“一个堂堂太守，竟然‘柴车行春’，而且跟从仅有‘两吏’，不符合儒家礼法所讲的君君臣臣、父父子子，哪还有个官相。”谢夷吾被人指斥为不识礼法。虽然谢夷吾生活的年代，皇帝不是昏庸无能的，他非常赏识谢夷吾，但奈何当时尊崇的就是君君臣臣、父父子子，皇帝作为权力的最高象征，不可以直接对抗潮流，只能忍痛贬了谢夷吾的官。

在几千年前的封建社会，人们或许会认为子路是有大义的，而谢夷吾则是破坏社会制度的人。但在今天，我们会很自然地认为，子路的做法是不珍爱生命的表现，并没有实际意义，而谢夷吾的做法更让我们觉得伟大。

谢夷吾原本可以借着皇帝的赏识风光荣华地过一生，但他却选择了柴车行春这一兴师动众的方法来提倡节约，打压当时官场奢靡的风气。像谢夷吾这样的人，我们不难知道，他是清楚自己的做法可能会引来无端之祸的，但他还是选择了明知不可为而为之。

如今虽然没有了宗法礼制，没有了皇权压迫，却少了像谢夷吾这样敢于挑战、不安于平凡的人。柴车行春的故事已经发生了一千九百多年，谢夷吾也已经离世近两千年了，但他独行正道的坚定，却一直铭刻在谢桥村历经沧桑的一草一石中，在阳光下熠熠闪光。

状元茹家溇

在绍兴柯桥的管墅村多溇，有一茹家溇，又称为管墅"九溇之首"，可见其非凡之处。这个中缘由，便是茹家溇出现了一位响当当的状元。

状元名叫茹棻，字稚葵，号古香，浙江会稽人，生于清乾隆二十年（1755），卒于清道光元年（1821）。乾隆四十九年（1784），茹棻中甲辰科一甲第一名进士，即乾隆四十九年甲辰科状元。其书法、诗歌造诣颇深，著有《使兖》《使晋》《使楚》《使南》《使沈》，被授翰林院修撰，历任山西、湖北学政，升内阁学士、工部侍郎、左都御史等职，官至兵部尚书。

"晨起竟何事，檐前宿鸟催。履畦嫌水漫，倚槛待花开。药饵供多病，关山老散材。奚奴解常课，先洗品茶杯。"这是茹棻的诗歌《晨起》，这首诗娓娓道来晨起的雅事，让人心神舒畅。

他不仅学识渊博，在官场也是一把好手，为人正直，为官清廉。年轻时在出任山西乡试正考官时，他发现考场风气差，考生相互之间抄袭作弊现象十分严重，贪污腐败更是不胜枚举。他冥思苦想，决定废除陋习，整顿考场风气，加强考生考场意识，并且以提拔具有真才实学的人为己任，反贪污反腐败，一改科举不正之风。在此之后，考场之风清明，制度开明公正，时任考官的茹棻更是颇得声名。

后来茹棻的父亲去世，孝顺的他回家乡守孝。适逢家乡发大水，庄稼全部被淹，灾情十分严重，百姓叫苦连天。茹棻状元见到家乡这般景象，痛心疾首，急忙想方设法为家乡人民解决问题。他指导村民协修三江水闸，让洪水向外倾泄，使得水患解除、庄稼得救，解决了洪水问题，造福乡里乡亲，福泽后人。这件事情被乡人们大为称赞，人人拍手叫好，从此茹状元名声更盛。

茹棻此人不仅在文学造诣上是不可多得的人才，在为官上更是富有才智，令人称赞。

今天的茹家溇，茹棻的事迹，已成佳话，口口相传。他的后人、作家茹志娟及其女王安忆曾来绍寻祖，王安忆著有《茹家溇》上下篇，传播极广。

清廉正直，造福后世，远近村子的老人都会念叨这位状元爷，希望家里的孩子们也能高中状元，福泽百姓，光宗耀祖。

芳菲棠棣村

“漓渚满目绿无涯，棠棣无处不逢花”，柯桥区棠棣村是“绍兴花木第一村”，拥有三万亩花木基地，村里百分之九十五的劳力直接或间接从事花木生产和

经营。2018年，棠棣村获“全国生态文化村”荣誉称号，2020年入选第二批全国乡村旅游重点村，也列入2020年中国美丽休闲乡村之列。

讲到这个村子的美丽致富之路，一定绕不开老百姓口中的一块宝，这块宝就是村支书刘建明，人称刘宝。苦孩子出身的他，靠自己创业致富，二十三年前就开上了全村乃至全镇的第一辆宝马车。

黄色西装、白色西裤，还戴一副墨镜，这么耍酷的书记能干事？刘建明刚上任那会儿，村民心里都嘀咕着。但就是这个爱耍酷的刘宝，自任书记以来，带领村民又闹厕所革命，又整新风实验，还开展了供给侧改革，让这个曾经默默无闻的偏远山区小村如“开挂”般逆袭，先后拿下“国家级美丽宜居示范村”“全国生态文化村”“全国乡村振兴示范村”等几十张国家级、省级“金名片”。现在，全村年人均纯收入超八万五千元，村集体收入近两百万元。

2015 年，中央农村工作会议提出要着力加强农业供给侧结构性改革。这个听起来拗口的专业名词，引起了刘宝的兴趣。

琢磨了好几天，刘建明有了灵感。“这不就是我们棠棣嘛！”当时，中国花卉市场库存增大，花卉苗木的利润空间已不断被压缩，年轻一代也对这个一半靠体力的行业失去兴趣。“供给侧改革说的就是，棠棣得想办法改革转型，走‘卖农产品’到‘卖风景’的新路。”他的劲头又来了。

棠棣村的供给侧改革，是从一条三千多米长的路开始的。

以前，棠棣村只有出村小路，大半还是泥土，窄到只能通行一辆拖拉机，一下雨，坑洼遍地，泥泞不堪。游客来了兴趣大减，投资客一看直皱眉头，村里种植的苗木要运出去，也得费老大的劲。

可修路不是小事，拿到项目图纸一看，征地涉及一百七十多户人家，占到全村百分之五十以上村民。

土地是农民的命根子，动一分一厘，都可能引发大纠纷。即便是“老江湖”刘建明，在启动征迁前考虑到了方方面面，合同条款改了又改，却还是在村民老金家“卡壳”了，卡壳的面积还挺让人“心塞”，就一分。

“老金啊，你家征用的就一分地，给我个面子？”刘建明赔笑脸说好话。

“一分地也是地，这是我们家上一辈传下来的，不能丢在我手里！”老金也是言之凿凿。

怎么办？刘建明知道，一个人干不过一群人，一群人干不过一村人！他建起"村事大家管"微信群，每户人家派一个代表入群，每天，他把修路的进展"丢"进群里，交给大家议。

"修路是为了村里发展！""路修好了，你家的苗木运出去也方便！"你一言我一语，渐渐地，老金觉得有道理，便点头同意了。

一星期完成征用，四个月修成村道，"棠棣速度"带来的是游客和工商资本的不断涌入。如今，村里"兰谷苑"的玻璃花房里，培育着"宋梅""素心"等上万盆不同品种的兰花，郁郁葱葱，一盆可以卖到数千元，引来众多兰花爱好者；"花香漓渚"国家级田园综合体上，三百多亩分散的丘陵山地改造成连片农田，种上了鲁冰花、向日葵、彩色水稻，单这一个"网红"景点，一年就吸引十万余名游客前来"打卡"。

有了这条致富路，不仅村民的苗木生意成倍增长，原本捉襟见肘的村集体经济也有了进账，家底日丰。

“刘宝刘宝，脑袋不大，主意不少！”刘建明的名气“飘”出了棠棣。

一番风来，一种花开，直到吹开所有花的梦想，直到吹响所有美丽乡村建设的号角。

同山镇边村

同山镇边村位于浙江省绍兴市诸暨市，是一个偏僻的小山村。边姓源于商，百家姓中为陇西郡，本族来自河南。这个小小的村庄能在百年之后享有盛名，与那

“同山烧”有很大关系。

公元 1364 年，朱元璋手下大将朱亮祖在绍兴抵御外敌，那时天气寒冷，将士们显得疲惫不堪，为了给将士们驱寒，村民们拿出了自酿的酒。喝了酒的将士们立刻精神抖擞，不仅驱走了体内的寒气，还增加了斗志。村民们还把将士随身携带的酒壶都装满了烧酒，为了防止烧酒在行军中溢出，将士们就随手扯了几条高粱秸秆塞在酒壶里。

后来朱亮祖率将士攻打张士诚军，张士诚军大败。朱亮祖与将士们拿出随身携带的酒壶，倒出里面的烧酒作为庆功酒，发现里面的烧酒呈琥珀色，这鲜红的颜色如同将士们的热血热烈而激昂。一喝，口感多了些醇香少了些辛辣，这酒就是同山烧。

后来同山人为了纪念保卫他们的英勇将士，在制作同山烧的时候都会放点高粱秸秆在里面，一直延续至今。据说，同山人喝酒从不皱眉，他们喝一口酒，咂一下嘴，那脸上洋溢着的是人间最纯真的幸福。

“只道黄酒润，诸暨酒更香。才饮同山醉，又品勾践王。吴越多少事，相与共话长，雄心与壮志，皆付与瑶觞。”都说绍兴黄酒好，诸暨同山烧的美味更是冠绝古今。如果有幸到达同山定要去尝尝那人间不可多得的美味，听听那古村美丽的历史故事。

中国的黄酒经历数千年的酿造，已经深入国人的血液，成为中华文化最醇香的一部分。在绍兴这个以黄酒著称的“酒窝儿”里，还隐藏着同山烧这颗璀璨的明珠。

“古树高低屋，斜阳远近山。林梢烟似带，村外水如环。”这正是对同山这一古村落的真实写照，同山的族人们奇迹般地来到了这里，并且奇迹般地居住了几百年。他们的传说也像嫣红的酒浆一般，随家族的记忆阵阵飘散。

千柱斯宅村

绍兴诸暨最东南部有一个千年古村，名为斯宅村。

斯宅古称上林，而上林往往寓意显达和仕途。也许是一种冥冥之中的安排，后来定居并在此地繁衍的斯姓家族，真的在耕读传家的训诫下，走出乡野，走进庙堂。

作为斯姓聚居的地方，如今的斯宅，可谓是古建筑林立，游人如织。可在一千多年前，这里却是人烟稀少、满目荒凉，还没有斯姓的影子呢！

据说，唐僖宗年间，在现斯宅村有个叫“宋家坞”的小山岙，只有一户姓宋的人家。宋家的女儿美丽聪明，可从出生起从未说过一句话。算命先生说，这个女孩只要见到未来的丈夫就会开口说话。

在姑娘十八岁那年，门前来了一位后生，姑娘忽然尖声叫道：“母亲快来看，这里来了位书生！”这位后生姓斯，时年二十岁，为赤乌年间东吴廷尉之后。后生家有薄资，自幼酷爱文学，更喜秀美山川，四处游学不止。

宋姑娘与后生一见如故，难舍难分。郎才女貌，天作之合，就这样，后生做了宋家上门女婿，子孙繁衍，“斯宅”的名称也由此而来。

后生姓斯名德遂，“铢”字辈，排行第四，故后人称“铢四公”，又因东吴廷尉家族以孝义闻名天下，所以铢四公又称“孝子公”。

孝子公夫妻卒后，安葬于千柱屋背后的“倒地木屋”，而诸暨斯姓就这样一代一代繁衍起来。1949 年前，每年清明时节，斯宅有名望的绅士都要来斯宅村斯氏大宗祠祭祖。

听说，民国时期的一对才子佳人张爱玲与胡兰成也在斯宅村发生了一些爱恨情仇。若有幸能到斯宅驻足几日，不妨选择一个慵懒的午后，煮一壶茶，坐在群山环绕的小亭子里读读张爱玲那《异乡记》，感受一下斯宅上千年来的风土人情。

一个传奇般“哑巴开口”的故事，一场名副其实的“倾城之恋”成就了斯宅，在山湖掩映、碧波荡漾下，斯宅依然以清雅之气行走在世间的洪流之中。

蒋氏盘山村

在浙江省诸暨市浬浦镇东南方向约两千米处，有一个依山傍水、风景秀丽的村庄，那就是盘山村。因其村后之山形如石磨，又似仰放的盘子，故名磨石山村，新

中国成立后改名为盘山村。

在诸暨，只要说起蒋氏，最引以为豪的要数浬浦镇盘山村的蒋氏一族了。因为在中国近代史上，这里走出了几位在全国有名望的蒋氏族人。

盘山村一直流传着“七十二根横皮带”的说法（当时军官正装都系横皮带，这是对报效国家的军官的尊称），盘山名人馆中，详细记载了这些族人荣耀的一生。首先要说说蒋伯诚，1911 年，当辛亥革命席卷中国时，年仅二十二岁的蒋伯诚从盘山村走出，在保定陆军军官学校任教官，从小受父亲救国救民思想影响的他，先后参加了反对袁世凯的护国运动、北伐战争。

在蒋伯诚的影响下，他的弟弟蒋志英也较早地投身革命运动。特别是在抗日战争时期，蒋志英率部负责钱塘江南岸防务工作，多次参加对日作战。

1940年，蒋志英任浙东沿海台州守备指挥官，负责温岭、临海一带海防，1941年，与日本主力师作战，亲自冲在第一线，最后在战场被日军所伤，英勇牺牲。和蒋伯诚、蒋志英兄弟一样，从盘山出去的蒋氏后人是一批接一批。

抗日战争时期，耿直、血性、互助的盘山村青壮年，以保家卫国为己任，纷纷扔下锄头铁耙，奔赴抗日前线。那时，村里出了“七十二根横皮带”，所有人都对这个有悠久历史文化的村落刮目相看。

在盘山村，世世代代传承舞龙灯，舞龙灯是个技术活、体力活，更是一个危险活。

舞龙灯时从盘山祠堂边的操场过盘山大桥，前面的人速度稍微快点，后面的人就要快速追赶了。后面的人速度快时，若挤压了中间的几条板凳，中间扛板凳的人一不小心就会闪出去或摔倒。旁边的人都看得心惊胆战，生怕中间的人受到强烈的挤压而掉到江里。一旦动作过猛，中间板凳被拉断，就要快速卸下断掉的板凳，重新接上，继续进行。

舞龙灯是中华民族悠久的历史文化习俗，它所包含的精髓、寓意无不浓缩着一个家族、一个村落团结一心、和谐共进的精神。

在盘山村，从民国时期的“七十二根横皮带”到现在千人协作完成的舞龙灯，无不体现出蒋氏这个庞大家族的团结、协作与互助精神，而这种精神正是我们这个民族最需要弘扬的！

打面次坞村

许多人喜欢吃次坞打面，喜欢它的精致、香醇、入味，但很少有人知道，五湖四海的“次坞打面”都是次坞古村人传出去的。

诸暨市次坞村依山而卧，小村古色古香，因早年坞中多生荆茨而得名。

六百多年前的一个晌午，临近杭城的小镇次坞，大兵压境。朱元璋和他的大将徐达率领十余万兵士，在小镇周边悠闲地安营扎寨。对于杭州和湖州两地的胜利，朱元璋有十分把握。听徐达和其他将士汇报完杭州城内的情况，他更显从容，从帐中信步走出，与将士们一同往小镇走去。

镇中居民早已纷纷躲避，仅有的几家店铺也早已上了排门。出兵前朱元璋一再吩咐部将：“克城无多杀，苟得地，无民何益？”如此看来，对于战争，老百姓始终是害怕的。

走约半时，他们听到一阵“啪、啪、啪”的有节奏的敲打声，从一家小小的店铺里传出来，一行人好奇地敲门探询。徐达因怕居民误会，特意报上姓名，说明来意。终于，排门被一扇扇地拿开，一张长方形的木桌子、一根被磨得溜光发亮的竹棍，以及一团和好的面呈现于眼前。

朱元璋顿时来了兴致，让店家做几碗面来尝尝，如果好吃，加倍封赏（自打败陈友谅后，朱元璋被推举为吴王）。

那店家夫妇一听，忙战战兢兢地动起手来。丈夫开始继续用竹棍“打面”，妻子则从缸中掏出腌制好的雪菜，又拿出了上好的猪油、猪肉，开始爆炒。两人都使出了绝活儿。香气顿时从里面小房间中飘出，丈夫也已经在众目睽睽之下把打好的面团切成条状，不一会儿，一碗面出锅。

徐达示意部下将面盛出少许让店家试吃，朱元璋摇手制止，并挑起面就吃起来。起先一声不吭，埋头苦吃，待停下来，一碗面已经下肚，此刻才连呼好吃，有筋道！

店家夫妇一碗一碗地将面端了上来，却不料朱元璋及其部将胃口奇大，各人都吃下两三碗方罢，个个都赞不绝口。店主夫妇这时才放下心来，手脚比画着向朱元璋等人介绍做面的要诀。

好不容易听懂了店主人的意思，朱元璋示意部将拿来银两，并连连夸赞主人做的面，真是“百吃不厌”，等大捷之日，还要再来。

自此，次坞打面的名气开始传开来，无论达官显贵，还是普通百姓，纷纷涌来，只为一尝那“百吃不厌”的味道。

旧时诸暨曾有民谚：“诸暨台门，要看大，到山林（斯宅的旧称）；要看精，到次峰（次坞的旧称）。”次坞不但面条是一绝，古建之美，也是江南一绝。

爱莲十四都

“飞檐雕栊掩古今，出淤清莲传世名。富贵不忘勤学早，唯有书香最醉人。”诸暨十四都建于明朝正德十五年（1520），自周氏太公周延琮（清三公）到此定居，开始繁育周氏子孙。周氏祖宗有记录的可追溯到北宋时期的周敦颐，也因此十四都村子的千柱屋前都开满了荷花。

“江南可采莲，莲叶何田田”，十里荷花是十四都不得不提的风采。盛夏时光，凝一叶清凉，摇荷影生香，与古民居相得益彰，难怪先祖周敦颐独爱莲。

相传，周敦颐在做官的时候不仅在思想上奉公，而且在行动上也奉公，一心想着百姓，关心社会。有一次他得了一场大病，他的朋友潘兴嗣去看望他，一进门便吃了一惊，原来周敦颐的家空空如洗。

潘兴嗣知道，周敦颐的俸禄并不低，但只要身边的人有什么困难，周敦颐就会毫不犹豫地予以帮助，散金济贫，导致连自己生病了都拿不出钱来看病。周敦颐的妻子哭着对潘兴嗣说：“钱财散尽之后，全家便总以粥度日，生活过得清贫且寒酸。”

后来朋友们想出钱给周敦颐建一所新住宅，周敦颐知道后婉言谢绝：“我节衣缩食，是为了给黎民百姓做表率，以防奢华浪费之风盛行。如果我们为官的都讲究穿美服、骑良马，追求奢靡享乐，老百姓就会效仿，结果就会导致品行不端，社会风气败坏，到那时候纠正就难了，所以我不接受你们的恩惠。”朋友们听后都点头称是。

周敦颐的生活过得十分清苦，可他却自得其乐、性情旷达，从不把清苦放在心上，“老子生来骨性寒，宦情不改旧儒酸”是周敦颐写给族人的诗。如此精神，和莲花那昂然挺立、出淤泥而不染的风骨，真是颇有几分相似。

若得闲，定要来十四都走走，漫步于炊烟袅袅的古民居，游走在芳香扑鼻的荷花池，品尝地道风味的乡野小吃，可谓别有一番风味。说到十四都的传统美食，西施团圆饼和夏至麦饼都是逢年过节当地老百姓款待客人的佳品。

湖岸边，一阵阵风儿吹过，荷花荷叶还有莲蓬互相碰撞着，随着一阵哗哗声，周氏文化也在这清风流水声中走向了远方。

璜山溪北村

“溪北的屋，斯宅的竹，茅塘的谷”，在诸暨，位于璜山镇西面的溪北村，历来是以明清古建筑群闻名的。

相传古时，溪北村水泄不通，每次遇

到山洪暴发的时候，山上的洪水像猛兽一样滚滚而来，波涛汹涌。百姓不敢在此地多加逗留，因为没有堤坝，洪水都会汇流于此，一下将这里淹没。如果遇到干旱，这里又将是太阳照晒得最猛烈的地方，很快河床就裸露在外，呈现出一片荒芜的景象。

溪北村古时候正是这样一种人迹罕至的荒芜景象，又因为地处山林，常有野兽出没，豺狼成群、蛇蝎挡道、山林茂密，因此虽然曾出现过几户人家，但是都没有长久居住在这里。

一直到了明末清初的时候，有一户徐氏人家，人丁兴旺，但是住宅太狭小，难以住下一大家子的人，所以徐氏决定往外迁移。首先要找到一处面积较大的空地，建造新的房子，以便容下人口众多的家族。

徐氏家族一直在苦苦寻找最佳的容身之地，有一天，徐氏族长走到一座山下，他看到茂密的树林，潺潺的小溪，天上还有一群鸟在翱翔，阳光猛烈地照耀着这座山头，他胸有成竹地说道：“这里必定是个宝地，用来安居乐业是最合适不过了。”

徐氏族长深有远见，后来为了证明自己的想法是正确的，他多次来到这座山反复进行勘察，对着山林的走向、地势的走向和山水条件，不断斟酌。他从山脚的小溪一直走到山头的落日之下，他望着远方，心中更加充满力量，他认为这座山的潜力巨大，如果能利用好整座山的优势，将整个家族迁移到这里，将来必定能将人丁兴旺的家族延续下去，发扬光大。

然而人口众多的家族迁移起来并不容易，还要将江水改道，要想顺利办成这件事，必将耗费巨大的人力和财力。徐氏族长内心深知举家迁移这件事和紧挨着的马家村有很大的关系，如果能够得到马家村的支持，那这件事情就变得容易多了。但是马家和徐家向来不和。

于是族长假扮成一个道士，坐在溪边，拿着鱼竿钓着鱼，一副悠闲的样子，其实是为了吸引马家人的注意。第一次假扮道长坐在溪边并无人理会，徐氏族长便日日都扮成道长的样子坐在溪边，嘴里还念念有词。

日子久了，马家的人便注意到了徐氏族长的存在，马家的人都对他很好奇，因为看见他时不时地仰天长啸，时不时地低头呢喃，马家的人都认为徐氏族长是一个能人异士。马家的族长也听到一些风言风语，便主动向徐氏族长靠近，打听他嘴里说的话。那时刚好马家一族正在为山上的洪水犯愁，洪水的灾难使他们苦不堪言，马家的族长听到徐氏族长说可将龙泉梅溪之水改道向东，这样一来便可以治理洪水，很快便找人开始动工，将这水道改建。

徐家等到这工程完成之后，举家迁移，建造新房，由于全家老小是喝梅溪水长大的，深念梅溪之恩泽，而新宅又位于梅溪之北，故以溪北名之。

化蝶祝家庄

“青梅竹马两无猜，心心相印是知音。朝夕相伴几度春，莫知英台女儿身。待到芙蕖出水日，方悟最苦相思情。俊逸儒生风流种，窈窕碧玉亦多情。花前月下常相会，撮土为香山海盟……今生无缘同白首，待到来世叙旧情。生不相守死相从，黄泉路上结伴行。双双化蝶翩翩舞，恩恩爱爱不绝情。”伴随这首动人的诗篇，我们走进绍兴市上虞区丰惠镇西湖乡祝家庄村，它是祝英台的故乡，一个凄美感人的爱情故事从这里开始。

东晋时期有个姓祝的地主，人称祝员外。员外有一女名叫祝英台，英台生得美丽动人，又聪明好学。但那时候女子不能进学堂读书，英台只能日日倚在窗栏上望着那些背着书箱的男子来来往往，心里很是羡慕。她不甘心地嘟囔着：“为什么他们都可以，我就不可以呢？女儿家怎么了？”突然，她眼前一亮：“女儿家？男儿家？”想到这里，英台赶忙回房间找到父亲母亲，挽着他们撒娇道：“爹，娘，女儿也想去学堂读书，我可以扮成男儿，一定不会让旁人发现的，你们就答应我吧。”祝员外夫妇自是不同意，但经不住英台的撒娇哀求、软磨硬泡，只好答应。

第二天天蒙蒙亮，英台就打点行装，带着父亲母亲的嘱咐去往杭州万松书院。

到了书院，英台遇到一个风度翩翩、学问出众的男同学，此人名叫梁山伯。二人一见如故，经常促膝并肩探讨学业、吟诗作对，好不快活。朝夕相处中，两人愈发被对方吸引，于是结拜为兄弟，之后更是时时刻刻形影不离。

寒来暑往，春去秋来，一晃三年过去了，学年期满，该是拜别师友、返回家乡的时候了。同窗共烛三载，英台早已深深爱上了她的梁兄，梁山伯虽不知英台是女儿身，但也十分欣赏她，两人依依不舍地分别。

回到家后，两人都十分思念对方，几个月后，梁山伯前往祝家拜访英台，不承想，迎接他的居然是一位妙龄可人儿，梁山伯这才知晓，原来自己的结拜兄弟是个女子。相视一刻，两人都明白了自己的心意。

梁山伯不久就来到祝家提亲，奈何祝家根本看不上一个穷书生，并把祝英台许配给了富家公子马少爷。梁山伯顿觉万念俱灰，自此一病不起，没多久就去世了。

得知梁山伯去世的消息后，一直与父母抗争的祝英台突然变得安静听话，她任由丫鬟给她穿上嫁衣，搀扶着她上了花轿，迎亲队伍一路敲锣打鼓，沿途热闹非凡。

路过梁山伯的坟前时，忽然间天昏地暗、飞沙走石，队伍不得不停下来。这时祝英台大步走下花轿，脱去嫁衣，身着素装，到坟前放声大哭起来。霎时间，地动山摇，雷声大作，坟墓突然裂开，朦胧间好像看见梁山伯英俊温柔的脸庞露出来，英台笑着纵身跳入。一声巨响后，坟墓再次合上。这时风消云散，雨过天晴，一切恢复如初，只有一对蝴蝶从坟中飞出，伴随着轻柔的风翩然飞舞……

此后，祝家庄便成为这段凄美动人爱情故事的见证地，更是有无数人来祝家庄村缅怀梁山伯与祝英台。

经典林岙村

林岙村，位于浙江省绍兴市上虞区章镇镇，这里虽不曾发生过什么惊天动地的历史大事，但仍足以让世人心生向往，因为这片土地上埋葬着一位伟人——王充。

王充是我国东汉初年唯物主义的杰出思想家。在王充少年时期，他的父亲就去世了，剩下王充和母亲相依为命。王充竭尽全力侍奉自己的母亲，是远近闻名的大孝子，加之从小聪慧好学，记忆力惊人，小小年纪便博览群书，深受当地人喜爱。

后来王充去往京城，在太学读书，拜当时著名的学者班彪为师。王充读书非常专心，记忆力和理解力也极强，大部分书只要读上一遍便可记住书的主要内容，甚至能够背诵几段精彩的文字。

由于贫困，没有钱来买书，为了满足自己的求知欲，王充就想了一个好办法。当时的洛阳街上有不少书铺，里面的书多种多样，每天天刚亮，他就已经拿着干粮等在书铺前，待书铺一开，就进去找个好的位子读书，中午饿了吃点自己带的干粮，一直到晚上书铺打烊才依依不舍地离开。就这样风雨无阻地读了一册又一册书，走过一家又一家书铺。几年后，王充已经读遍了诸子百家的重要著作，领略了其中的精神，加之有班彪的悉心教导，他取得了很大的进步。

与大部分读书人一样，王充学成后，也曾抱着致君尧舜的梦想，走“学而优则仕”的道路。但千里马常有，伯乐不常有，贤才常有，仕宦的机会不常有。王充一生只当过地方官，没有逃过为人下僚的命运，虽然也曾多次向上级进谏、出谋划策，但始终没有被采纳。

在仕途不顺、官场腐败的无奈情况下，王充辞官回家。之后有同乡向汉章帝极力推荐他，章帝也有意请他做官，但王充推脱身有疾病，拒绝了汉章帝。

辞官回家后，王充一直潜心研究学问。由于出身贫苦，因而对自然现象和社会现象的认知，基本上是从劳苦人民的实际生活情况出发的，加上之前在洛阳遍读诸子百家的著作，他对某些为统治阶级服务的唯心主义说教深感不满，下决心给予严厉的批评，于是着手写书。

为了集中精力投入创作中，他闭门谢客、拒绝应酬，在自己的卧室、书房，甚至厕所等凡是能接触到的地方都放了纸和笔，一想到什么就随时记下来作为素材。日积月累，王充搜集的资料储藏了好几间屋子，经过三十年的努力，他最终写成了一部中国历史上不朽的无神论著作《论衡》。该书现存八十五篇，被称为“疾虚妄古之实论，讥世俗汉之异书”，它的光芒刺破了中国封建社会的黑暗。

王充生饮曹娥江水，死眠上虞土，他是上虞人民的骄傲，更是中华民族的骄傲。

孝德孝闻岭

浙江省绍兴市上虞区驿亭镇有一个叫孝闻岭的山村，村庄坐落在一个山间的岭坡上，村名由来与一个感人的故事有关。

东汉时期，村中有一户人家，婆婆双

目失明，丈夫离世，全靠儿媳支撑着家庭。儿媳里里外外辛勤劳作，把家里打理得井井有条，更是把婆婆照顾得无微不至，对于婆婆的要求总是百依百顺，左邻右舍都夸赞媳妇的贤惠孝顺。

一年盛夏，婆婆突发奇想说要吃冻肉，她也知道现在这个季节不可能有，但还是开玩笑似的和媳妇说了。说者无意，听者有心。媳妇想：婆婆既然开口，那就说明她一定很想吃，我一定要想办法满足婆婆的心愿。她一边走一边想，等抬头的时候，就看到村边的一口古井，媳妇趴在井边向下望，发现这井深不见底，就从井里取出一桶水来用手试了试，发现井水居然清澈冰凉。这一下，媳妇高兴坏了。

回家之后，媳妇立刻烧了一大碗红烧肉，放入竹篮，系上长绳，将它投放到井里水面上。几个时辰后，媳妇将在井里冰着的红烧肉提了上来，果然，那肉已经成了红烧冻肉。媳妇欣喜万分，赶忙捧着冻肉送到婆婆面前。婆婆让媳妇与自己同吃，但媳妇没舍得吃一口，只是吃了一些清茶淡饭。婆婆吃完后，心满意足地睡了，媳妇也早早收拾完，熄灯睡了。

第二天早上，媳妇去叫婆婆起床，却怎么都叫不醒，媳妇以为婆婆病了，立即去探鼻息，发现婆婆已气绝身亡。

因为婆婆不明不白地突然死亡，村长就去请来县太爷，县太爷和仵作检查了老婆婆的身体，发现婆婆嘴唇乌黑、身体发青，是中毒而死。县令问媳妇婆婆生前吃了什么，媳妇如实回答，并找到了婆婆吃剩下的半碗红烧肉，交由仵作查验。仵作查验过后发现确是红烧肉有毒，而红烧肉只经过媳妇一人之手，于是县令断定是媳妇下毒害死自己的婆婆。加之婆婆的女儿得知自己的母亲去世，怕因自己平日里对母亲漠不关心而让嫂嫂得了遗产，就一口咬定是嫂嫂把母亲毒死的，并且闹上了公堂，私下里却偷偷给县太爷塞了好处。

媳妇有口难辩，再加上县太爷严刑逼供，最后屈打成招，认罪画押。没过多久，媳妇被判死刑，在行刑前，媳妇冲着婆婆的坟墓大喊三声："冤枉！冤枉！冤枉！"然后就被杀了。

在上虞有位正直仗义的年轻人叫孟尝，他的祖先三代担任郡吏，他也官任合浦郡守。孟尝很早之前就知道媳妇的美名，他也相信媳妇是被冤枉的，于是就将案件的疑点告诉上虞太守。但太守不予理会，孟尝就在郡府门外哀哭，借口有病辞去官职。

后来新太守殷丹上任，也觉得此案有颇多疑点，于是找来孟尝商量。孟尝向殷丹陈述了冤死媳妇的案情，殷丹听从了孟尝的话，重新审理此案，经过多方调查，确认此案有冤，终于还了死去的媳妇清白，并立即罚婆婆的女儿去祭扫嫂嫂的坟墓，然后将她收入牢中。

从此，媳妇的孝顺闻名四方，上虞百姓无不赞叹。后世为了纪念孝媳，就将此地改为孝闻岭。

铸器炼塘村

《绍兴府志》记载："越王勾践铸剑于此，有水塘供工匠洗擦，称为炼塘。"在浙江省绍兴市上虞区东关街道有一村叫炼塘村，相传，此地就是越王勾践铸兵备械

之地，这里有越国为复仇做准备时留下的痕迹。

进入村里，首先映入眼帘的是呈“十字”交叉的河流，“十字”的河流将村庄分为四块，分别居住着蒋、袁、严、郑四姓人家。纵横的河流在这矩形的平桥桥洞下交汇。村里老辈人回忆，在“十字”交叉口附近，有个面积约二十亩的水塘，这个水塘便是《绍兴府志》中提到的炼塘的遗址。

据传，这个地方原是一个俗称“老鸭沙滩头”的洼塘，举目是一片荒野，它的出名源于越王勾践的兴国壮举。当年吴王夫差率兵打败越国并俘虏了越王勾践，勾践被押到吴国做奴隶，他假意归顺，成天沉迷酒色、不理政事、玩物丧志以博取吴王信任，忍辱负重三年后，吴王消除戒心将他释放回国。

勾践回国后，卧薪尝胆，立志报仇雪耻。他一方面继续迷惑吴王，送其珍宝美女示好；另一方面注重生产，大力发展经济，在此基础上招兵买马、铸造兵器，提高军事能力。但是，这些行动尤其是军事上的准备必须暗中进行。于是，勾践探寻各地，最终找到了一个叫“老鸭沙滩头”的地方，它北依山丘、南傍河流，是一个既安全又便捷的兵器铸造地。

北面的山林是木炭供应地，当时向山民购买木炭需要称重，后人便将它称作“称山”；西面一块百余亩的高地是铸剑的工场，工场筑有许多墩子；称山与工场之间隔着一条河流，为便于人员往来和木炭运输，河流上造了一座桥，后称作“炼剑桥”。炼剑需要用水淬火、洗擦，工匠们也需要日常生活用水等，于是越王手下的工匠们就在工场边挖了一个大水塘，即“炼塘”。

几年后，越国在勾践的带领下不断强大。恰逢公元前482年，吴王夫差率领精兵北上黄池会盟，仅留太子与老弱留守吴国，勾践认为时机已成熟，于是派遣各路精兵趁机伐吴。在出战吴国之际，勾践派了四名监护卫士留守炼塘，这四名卫士分别姓蒋、袁、严、郑。后来，四名监护卫士就在炼塘安家，今天的炼塘人就是这四名卫士的后裔。

越王勾践在炼塘铸造了无数上等兵器。“苦心人，天不负，卧薪尝胆，三千越甲可吞吴。”兵器功不可没，炼塘功不可没，历史的刀光剑影造就了炼塘。两千多年转瞬即逝，历代王朝更替，而炼塘的古老历史及卧薪尝胆的精神值得后人永远铭记。

忠义马慢桥

马慢桥村，位于浙江省绍兴市上虞区驿亭镇。村由桥来，马慢桥村有一条跨越虞余运河的桥梁，名马慢桥。据《浙江分县志》记载："金兵渡过曹娥江紧追，宋高宗过此桥，马不进，故名马慢桥。"

宋高宗名赵构，字德基，在靖康之变后建立南宋政权。宋高宗即位后，没有急着营救父兄，收复金兵占领的国土，一雪前耻，而是听从投降派的建议选择向南逃窜。

建炎三年（1129），金兵袭击扬州，宋高宗率领兵将狼狈出逃。继续向南要从瓜洲渡江，由于缺乏船只，只好让人坐船渡过，而将马匹放入江中，让其游水横渡。马匹在又冷又急的河水中挣扎前行，加之之前不眠不休地赶路，疲劳过度，安全到达对岸的马匹少之又少。其中就有宋高宗的御马。

成功渡河上岸后，高宗一行人依旧选择南逃，从建康到杭州，御马不停地奔跑。

到杭州，苗傅和刘正彦发动苗刘之变，诛杀高宗宠幸的权臣与宦官，逼迫高宗禅位，各地将领纷纷坚定勤王平叛的立场，出兵镇压，宋高宗得以复辟。复辟后，对抗金战争高宗仍没有任何有力的部署。

九月，金兵渡江南侵，宋高宗即率群臣继续南逃，经越州，逃往明州。去明州要经过上虞五夫古镇，宋高宗一行人到达此地，只见前方有一条河流，河上有一座小石桥，石桥看上去已年代久远，桥面斑驳。宋高宗的御马来到桥前，顿失前蹄，仰天嘶叫，哀声惊天动地。眼见金兵步步逼近，高宗慌张不已，扬起马鞭对着御马狠抽数下，御马只是绝望地嘶吼，一声高过一声。高宗俯下身抱住自己的马哀求道：“老伙计啊老伙计，朕知道奔波一路，你很劳累，但只需这最后一次，救救我吧！”御马也明白，但此刻它已精疲力尽，如果硬撑过桥，很可能连人带马摔入河中，这样后果不堪设想。

御马前脚跪地，泪流满面，怎么也站不起来，只是不停地用头蹭着高宗，弱弱地呜咽。不得已，高宗只能在侍卫的搀扶下换了一匹新马。在人马分离之时，高宗回头与御马遥望一眼，御马看着自己的主人轻轻地点点头，随后高宗头也不回地向远方奔去。独留倒下的御马与一个伤兵在附近的村庄躲了起来。不久，御马因长途奔波，劳累过度，心脏衰竭而亡。而伤兵则在村民的照顾下恢复了健康。

第二年夏天，金兵北撤，宋高宗回到杭州。伤兵听说后，也启程到杭州禀告高宗，御马已亡。宋高宗知道后，伤心不已，因为他知道，御马因他而亡。于是下旨，重修石板桥，并命名为"马慢桥"。后马慢桥几经修葺，旧貌不再，但名字始终不变。

初心陆巷桥

陆巷桥在今绍兴市上虞区小越街道西罗村的南端，这里有三十多户人家。陆巷桥村紧挨着西罗大江，一条支流从村中北上又东去，几乎是把村庄包围了起来。因为河道像一只东飞的凤凰，古人给它起了一个美好的名字：凤河。正是这样一个面积不大却环境适宜的陆巷桥，出过一位官声显赫、一生保持初心、低调做人的监察御史罗澄。

罗澄从小就生活在书香世家，受到了良好的家风熏陶。他才华横溢，有兼济天下的美好愿望，但在途中也经历过一些挫折。

罗澄由于祖父一案，受到牵连，到他少年时期，家境窘迫，已经变得步履维艰，罗澄不得不一边求学，通过自己的努力实现理想、博取功名，一边参加劳动养家糊口。

有一天，罗澄在劳动时，挑着一担粪肥去田间浇地，迎面遇上一顶轿子，轿子里坐着一位官府老爷。官府老爷经过的时候闻到了粪肥的味道，尽管此时罗澄已经藏身在草丛之中，但还是没能掩盖住粪肥的气味，官府老爷对这股味道嗤之以鼻，以“对官府不敬”的罪名，打了罗澄二十大板。罗澄在被打板子之后，发誓一定要发奋读书，考取功名，做一个爱护百姓、报效国家的好官。

于是罗澄在陆巷桥的一座山下废墟之中，建造了一间草房，取名“福山书舍”，收集了大量的书，一个人置身于书籍之中，专心致志地在草房里读书。

功夫不负有心人，罗澄在一次乡试中中举，次年就中了进士，之后担任监察御史。

入仕之后，特别是在任监察御史之后，罗澄不负当年立下的志向，没有忘记自己的初心，将国家放在首位，时刻替百姓着想，为朝廷分忧。

罗澄在前往京城的途中，正巧遇见山东遭遇洪涝灾害。他以身作则，不怕艰难险阻，去往家家户户走访灾情，亲身了解洪涝灾害。山东不是他的管辖范围，他原本没有义务去管这件事，这会使他在官场上陷入不堪的境地，但他没有顾忌官场的禁忌，毅然决然地将路上的所见所闻上奏给朝廷，请朝廷对山东进行赈济。由于罗澄的及时禀奏，朝廷对山东地区发放救济金，山东的灾情得以缓解，救活了数万连续遭受洪涝灾害多年、挣扎在生死线上的百姓。罗澄时时刻刻都记得当初自己为官的志向，严于律己。

罗澄身为陆巷桥人，做官多年，为人正直，为百姓所赞颂，村民把罗澄当作百姓官。罗澄的故事到如今还在不断地流传着，陆巷桥几乎每户人家都能讲出关于罗澄这个百姓官的二三事，这是陆巷桥的骄傲。

仁义藕浦村

在绍兴市上虞区章镇镇泰山村藕浦自然村西面，有一座占地一百多平方米、外墙为黄色的民间信仰场所——“相公殿”，殿中央供奉着令人敬畏的竺均塑像，旁边

是他的夫人（名不详），塑像均栩栩如生。庙里的四根红漆柱子上由内而外、自右至左分别刻着“弹落仙居留逸事，骡归梓里话奇闻”“遊猎吡名山漫托禽荒谢使命，经纶付隐水聊将医理济苍生”两副对联，很好地总结了竺均的传奇故事，寄托了后人对他的敬仰之情。

竺均在年少的时候，十分喜爱看书，嗜书如命。他还擅长玩弹弓。古时候弹弓是一种远程射击的兵器，多用于狩猎。弹弓虽然不大，但也十分讲究使用技巧，有的人将弹弓使用得出神入化，强大到可以杀死一头猛兽。竺均就是这样一个善于使用弹弓的人才，他还精于用兵，将兵法研究得十分透彻。

宋朝时，竺均受到赏识之人的推荐，去往朝廷做事，但是由于反对朝廷重臣的航海策议，引起了朝臣的不满，他便从此辞官回乡，回到藕浦村。

回到藕浦村的竺均，花了大量时间去寻访方书，并且制药广济百姓，村子里的百姓都称他为“竺九相公”。

竺均在藕浦村一心为百姓排忧解难，不求回报，其间不断有人请求他回到朝廷，他都不动摇，想在这俗世之中逃避钩心斗角的朝廷。他经常骑着一匹骡子，在藕浦村的周围来往，假装醉酒，披散着一头长发，而一般的人都不认识这样的他。

有一天，仙居县传出有一条巨型蟒蛇出没，巨蟒残害百姓，百姓因此对它害怕至极。竺均听到这个事，毫不犹豫，毅然决然地前往仙居县为百姓解决麻烦，为民除害。

竺均准备好了弹弓，放置在腰间，他小心翼翼地向巨蟒的巢穴靠近，没有发出一点声音，慢慢地前进。等到靠近蟒蛇所在地巢穴洞口时，他缓缓地拿出自己的弹弓，等到真的走近巨蟒之时，他放上弹丸，拉起弹弓，一鼓作气，猛地对准巨蟒，向前作势一拉，弹丸精准地落在了巨蟒身上，打中了巨蟒的要害。巨蟒十分痛苦，不断挣扎，蜷起身子，它的毒液不断喷射出来，溅得四处都是。巨蟒的毒液喷到了竺均的身上，还有竺均骑着的骡子上。竺均被毒液侵蚀，毒性来势汹汹，竺均便逝去了。

骡子驮着竺均的身体，跋山涉水回到家乡，最终也因为筋疲力尽，倒地再没能起来。乡亲们发现竺均的尸体，流着眼泪将竺均葬在宝泉寺的附近，把这匹有情有义的骡子葬在了他的附近。

竺均为民除害却牺牲了自己的事迹不久便传播开来，朝廷将他封为“靖临侯”。藕浦村的百姓为了纪念为民除害、侠肝义胆、有仁义之心的竺均，建造了竺均庙，竺均成为藕浦村的一方保护神。

如今的藕浦村，“相公殿”香火长年不断，人们对竺均的怀念长年不断。

忠孝梅渚村

新昌梅渚村始建于元代，是一个历史悠久的古村落，宋代名臣黄度的后裔黄良瑾从县城北门迁此，成为梅渚黄氏始祖。梅渚村之所以叫这个名字，是因为古时候

的梅渚村，有很多的梅花树，当梅花盛开的时候，风吹落梅花，梅花飞舞空中，随之聚落成片，很是壮观，便取作梅渚村。

梅渚黄氏自古遵宣献公家训，崇尚忠孝礼义，其中清代黄松林最为著名。咸丰十一年（1861），太平军进入新昌县境。黄松林的父亲和族兄黄增照被太平军俘虏。黄松林认为父兄一定被杀死了，因而悲痛哭泣，伤心不已。

后来，有人从太平军中来，那人告诉黄松林：你的父兄活着，没有死。

黄松林听到这个消息，立马振奋了起来，重新调整自己的心情，决心去找他们。

他变换姓名，投身太平军中，默默无闻地在军队中做事，以便打听父兄的消息。找了很长时间，却得不到消息。但是他没有因此灰心，而是坚决不放弃，继续在军队中打探。

一次，偶然间，他在县城北隅看到了蓬头垢面的父亲，十分激动，想上前去认自己的父亲，带父亲回家，但是转念一想，没有军队的批准，自己是不能私自带走父亲的。

因此，他找到了太平军首领，跪了下来，他不断地请求军队首领，要求以家里的全部财产赎回父亲。黄松林态度诚恳，好话说尽，可是首领依旧不同意。接着，他要求自己接受关押和苦役，把父亲放回，用自己来换父亲，宁可自己在军队之中受劳役之苦，也不能让老父亲去受这等苦。

首领还是不答应，黄松林觉得很奇怪，找人不断地打听，想知道究竟是什么原因让首领不肯答应。

原来，首领看中黄松林的才智，以关押他的父亲为由，想让他为太平军做事。当时，太平军严令：凡是想回家者就要杀头。

黄松林没有放弃，依旧在军队中做事，陪着他的父亲，然后一边苦苦哀求军队首领，日以继夜，刚开始磨破了嘴皮子，发现没用之后，不断地陷入悲伤，眼睛哭出了血泪。

终于，太平军释放了黄松林的父亲，连他的族兄也一起放了。首领对黄松林说："我被你的孝心感动了。"

梅渚村的村民无人不知黄松林的故事，黄氏一族向来是以忠孝出名，而梅渚村的百姓都对这样的高尚品德表示了最高的崇敬，他们将忠孝作为为人处世的准则。即使时间已过去了很多年，梅渚村的百姓依旧把忠孝铭刻在心。

每当风起日落之时，梅渚村一棵有四百多年历史的老树，仿佛在向今天的人们讲述当年的种种。

孝义安山村

新昌县镜岭镇安山村，像一颗明珠镶嵌在翡翠般的山水之间。它地处新昌、磐安、东阳三县交界处，建于明代永乐年间，至今已有六百多年历史。

安山村的古树特别多，在村中央的一棵香榧树，被安山人视为风水树。老榧树是一种常绿乔木，秋天结出椭圆形果子，散发出一股特有的清香，果子可以吃。这棵老榧树有三层楼高，树皮粗糙、树干粗壮，大概需要三个人的手臂才能围住。它身躯庞大，枝丫和叶子疏散开来，如一把高大挺直的巨伞。它是一个历史巨人，挺着伟岸的英姿，见证了这个村子的风云变幻。

关于这棵树，也有许多神奇的故事。

相传当时有一对相依为命的父子。一日，父亲上山干活，不慎失足坠崖摔断了腿，瘫在床上。父亲感到生活希望渺茫，非常担忧。儿子阿明鼓励父亲，自己一定会想办法让他站起来的。为了让父亲下床走路，阿明特地给父亲打造了拐杖。

然而事与愿违，不论是用竹树还是用松树作为原材料，拐杖都无法长时间使用，几天后便压断了。父亲感到绝望，并劝告阿明不要再为自己的病情费心，自己做好瘫痪的准备了。阿明仍旧不放弃，不停地寻找好的木材给父亲做拐杖。

或许是阿明的孝心感动了上苍，一位老人托梦给他，告诉他在村中小山坡上有一棵大树，木质很硬，一定可以帮助到他父亲的。第二天天还没亮，阿明就起床去寻找这棵树。在筋疲力尽地爬上小山坡之后，他终于发现了这棵大树，但是巨大的树干需要几个人才能合抱，树根四处斜出，深深地镶嵌在石缝里，四平八稳，难以撼动。这么大的树，先不说自己难以摘取树枝，一想到树木也是有生命的，他就告诫自己绝不能因为私利而乱砍滥伐。

就在阿明万念俱灰时，突然电闪雷鸣，接着天空下起了瓢泼大雨。阿明赶紧找一个地方隐藏起来，其间，他听到“咔嚓”一声，仿佛什么断了。等到雨过天晴，他来到大树底下，看到了一段被雷电击落的树枝。“莫非这是天意？是神灵显灵？”阿明赶忙跪下对着大树拜了三拜，然后取了树枝回家。

经过精心打磨，这根树枝终于被阿明做成了拐杖，坚硬无比。父亲在日复一日的练习下，竟然奇迹般地好了过来。村里的人纷纷赶来看望，都颇为吃惊。村里的一个老木匠摸着拐杖，感叹道：“这棵树从纹理上看已经活了三百年，其坚硬如铁，小伙子，一定是你的孝心感动了神树，树神才托梦给你的。”

后来，人们都把这棵大树作为吉祥的象征，祈求家人平安。越来越多的人迁至树旁居住，渐渐地，它也成了村子中央的镇村法宝。

红色外婆坑

外婆坑村位于新昌县西南四十五千米处，地处曹娥江源头，与东阳、嵊州、磐安三地交界。它四面环山、生态原始、空气清新。然而在这样一片平和的自然风光中，曾发生过热血澎湃的红军故事。

1935 年 10 月 25 日晚上，注定是个不眠之夜，这是外婆坑村历史中的浓厚一笔。

那天，中国工农红军挺进师第一纵队一部三十余人，从现磐安县张斯岭由石门坑进入新昌县境。工农红军浩浩荡荡的气势和声音吵醒了此地沉睡的百姓们。他们迷迷糊糊地从梦中醒来，悄悄打开窗户透过一丝缝隙看外面到底发生了什么。有些人看到红军整整齐齐的一列队伍，既激动又忐忑。大家开始躁动起来，纷纷奔走相告。

地主杨家的三儿子，人称“三店王”。他害怕红军住下来分他的财产，想偷偷地从后面向红军开枪，不料被红军发现抓了起来。“三店王”趁红军不注意逃跑了。红军怕误伤和惊动群众，没有开枪和追赶。

在途经点稍作休息调整后，红军继续前进，之后改道向西边进发，走小路。红军一路经过新昌的各个村落，在铁钉岗休息了一会儿，又进入东阳县。又过了一个月，中国工农红军挺进师第一纵队一部第二次进入新昌外婆坑等村庄。红军在外婆坑休息和宣传革命知识的时间里，向村民宣传“打土豪、分田地”“抗日救国”等主张，得到了村民的热烈拥护、热情款待。

看到衣不蔽体、穷困的百姓，红军强烈号召“没饭吃的穷人快来赶上红军”。百姓深受鼓舞，与红军齐奋战。他们还在村子中央的民墙上写下了激奋人心的标语，如“工农红军是人民自己的军队”等。

后来，村民们为了纪念红军在外婆坑村的革命斗争足迹，在村里建立了中国工农红军挺进师入境活动纪念碑和“红色足迹”长廊。石碑和长廊，记录着红军在村内的点滴。石碑一面刻着红军在外婆坑村的故事，另一面刻着红军的行军路线图。长廊对发生在外婆坑村的红色故事和红色革命年代物品进行了展示，使外婆坑村里发生的红军故事流传下来，让人能够切身去感受它。

如今，红色印记深深烙在了外婆坑村发展的血脉里。重走红军路，追忆革命史，接受革命传统教育，让许多年轻人来到这个红色村落，亲身感受红军这一路的艰辛与坚忍。

光荣南洲村

海拔九百九十六米的菩提峰，为新昌县第一高峰。南洲村就坐落在菩提峰下，它是新昌最古老的村庄，位于群山环抱之中，有人说它是遗落在大山深处的梦。穿村而过的清澈小溪，自东而来，向西流入新昌江。

新昌乡间流传有民谚“先有南洲丁，后有新昌城”。这句在民间广为流传的谚语，用极其朴素的语言，叙述着南洲村的古老历史。

东汉年间，南洲这一带萋萋的青草和潺潺的流水迎来了最早的一位主人，这人便是原籍山东济阳、由承事郎仕至太尉的丁崇仁。丁崇仁为官数载，目睹了朝廷官场的昏暗。他向上面请求出任地方官，任满之后，不愿回故乡原籍。他决心要找一个有青山绿树、清流碧湍的能避开世俗纷扰的地方隐居。

溯溪而行，高高的菩提峰犹如前行的向导，在山脚的一片绿洲之上，他找到了心灵慰藉，那便是现今南洲村。定居之后，他便开始开垦荒地，创造自己的自由天堂，后来越来越多的百姓迁入此地。从此，新昌最高峰脚下开始有了缕缕人间烟火。

丁崇仁有三个儿子，长子丁敬道、次子丁敬德，幼子丁敬礼。长次二子回到了丁崇仁的原籍山东定居，而最小的儿子便和父亲一起定居在南洲之地。

到了东晋末年，战火不断，民不聊生，丁氏仅丁光一支延续下来。到了后梁开平二年（908），南洲丁氏一族已繁衍至卅一世。当时吴越王钱镠以此地人物稍繁，始分剡县十三乡，置新昌县，丁氏家族中的丁会，在钱镠商议建立新昌县时曾参与同议。

由此看来，南洲丁氏对于新建之县要昌盛兴隆的呼声或多或少影响着吴越王的决策，这一决策在新昌历史上是划时代的创举，意义深远。丁会后来在朝堂上颇有建树，在后唐明宗朝官居通议大夫、兵部右侍郎，名声远扬，无限风光。

南洲丁氏入住新昌以后，在西晋末有梁氏迁入，在南朝有王氏迁入，在隋、唐时期有杨、董、俞、石、黄等五族迁入，在五代时期有潘、胡、何、吴、陈等五族迁入，他们虽都是在新昌县建立以前迁入的故家旧族，但较之于南洲丁，显然又是后来者。由此看来，“先有南洲丁”一说，不仅指南洲丁氏是有宗谱记载的最先迁入新昌县境的家族，还应指南洲丁氏是新昌县建立的参议者，这是新昌县的光荣，更是南洲村民的光荣。

榜样南山村

“一座天姥山，半部《全唐诗》。”沿着天姥山麓，唐代才子们在曾踏歌而行的唐诗之路上徜徉，一不留心就会与历史不期而遇，踏入诗中的古街、古道、古建

筑、古村落……

儒岙镇南山村就是这样一个坐落在天姥山脚下的古老村庄，碎石垒成的墙基，久经风雨的粉墙，一景一物无不写下岁月的沧桑。《绍兴府志》中这样记载："南山，在县南四十里，脉从天姥来，群峰叠拱如环城，中稍宽，容数百家。"

南屏王氏家族是当地的名门望族，祖祖辈辈，民风淳朴，修桥铺路，做尽好事。县治内都以南山为榜样。然而，到清朝乾隆年间，王氏家族却出了一个被称为"鹅头鸭脚"的人，他叫王文宿。

这绰号是当地人用来形容好吃懒做的"混混"、坏种或根苗不正、名声坏到极点的人。他是南屏王氏宗族"寿山堂"第二十二代子孙，从小在"寿山堂"长大，享尽荣华富贵。但他非但没学好，还沾染了赌博的坏习气，败坏了王氏家族的名声，得了个“鹅头鸭脚”的绰号。

叔伯兄弟、族长房长找上他，跟他讲道理，年少无知的他肆意妄为，不顾其他。最后没办法，他们只得“请”出祖上王彦方，王彦方的“偷牛贼有羞耻之心定能改好”的故事让王文宿羞愧难当。回到家里，他拿起菜刀砍下了一个手指头，发誓重新做人。

可现实是严酷的，王文宿早已输光所有家产。在财主家不愉快的经历让他心如死灰，受邻居点拨后，他决心要在南山种烟发家。

一天中午，路边来了一个陌生客跟他问路，问完路又问他讨点水喝。王文宿二话不说，取下排竹筒递给陌生客。客人很感动，便跟王文宿聊了一会儿。王文宿并不避讳自己的过去，把遭遇一五一十地说了出来。客人被他的真诚打动，临走时告诉王文宿等烟叶有了收成，一定要去温州找他。

后来王文宿找到这位朋友，才知道他是温州有名的大烟商，有了这个朋友的帮助，王文宿的生意很快就来了，没过多久他就发达了。

发家之后，他乐善好施，渐渐地便有了“南山善人鹅鸭脚”的好名声。他还在南山“寿山堂”的西边，兴建了一座走马楼，取名“和乐堂”，鼓励后代与人为善、耕读传家。

人们常说“浪子回头金不换”，王文宿以自己的言行换来了一座精致的四合院，让子子孙孙世代享用。王文宿的后代从小听着祖先的故事，读着祖先的传记，对于赌博的危害以及白手起家创业的艰辛，比常人有了更直接更深刻的理解。在他们成长的道路上，祖先的精神就像是一盏指路灯，指引他们前仆后继，艰苦奋斗。

仙人斑竹村

袁枚在《斑竹小住》中曾说：“我爱斑竹村，花野得真意。虽非仙人居，恰是仙人地。”行走在新昌南明街道斑竹村，鹅卵石铺就的古驿道蜿蜒曲折，新砌的泥墙整齐划一，清澈的溪水潺潺而过，真是诗中“仙人地”啊！

斑竹村，位于天姥山西麓，是古代天姥、天台和临海古驿道上的重要村落。其历史悠久，文化积淀深厚，被称为“天姥门户”。

古时该村是通往天台、临海、会墅岭的必经之路，路旁时常有强人（强盗）出没，路经此处谋生，往往有去无回。但村中总有消息传出，在附近各地驿站常常有天降祥瑞的盛况，遇则飞黄腾达。许多百姓都心生向往，为了谋生选择铤而走险去碰碰运气。

村中有一小农因整日务农而心生厌倦，决心另寻出路。一日，他告别家中的妻儿去隔壁村镇卖菜，想赚些许银两后就去驿站打听消息。路遇一老妪轻声叫唤小农，将他拉至一旁，说道：山中有仙迹，遍地祥瑞，见此境象必定逢凶化吉、龙凤呈祥。本想回家通知老小前来，却因腿脚不便且力尽，恐再来时被人捷足先登，故想结伴同行，路上好有个照应，事成皆大欢喜。

小农人喜，对老妪笑脸相迎，兴冲冲地扔下菜篮，背着老妪往山中走去。山路崎岖冗长，转眼已是大汗淋漓，小农渐惫。正准备就此罢休时，忽望见前方大山深处亮起金光，便加快脚步冲上前去，浑然不知大雾已经笼罩住了整座山头。

不久，驿站传出附近山中生一凶兽，诱人进山食之。

小农的妻子久久不见丈夫归来，且听闻山中出现一头食人凶兽，惊恐万分。几日后，家中存粮渐尽，银钱所剩无几，奈何巧妇难为无米之炊，妻子终日以泪洗面，伤心不已，盼夫早归，滴泪于竹上，呈现点点泪斑。

一晚，小农的妻子梦见丈夫从山中归来，小农对他的妻子说出自己的遭遇：他在进入山中后遇见凶兽，所幸被山中仙人所救，而后决定跟随仙人修行，脱离尘世。但心中仍旧愧对妻儿，决定下山告知凶兽所在，望其妻能设法驱之，以替天行道，造福一方百姓。

翌日，妻醒，同村人上报凶兽之事，并恳请将其驱之。不日，官兵进山剿灭山中凶兽并一举抓获偷盗的强人，在一个山洞中发现许多金银珠宝和众多白骨。官兵收缴这些不义之财后，酌情发放奖赏并安抚小农之妻，谢其上报有功。

后世之人为谨记先辈教训及仙人之恩，在天姥门户呈现点点泪斑的竹林处，特建“斑竹小径”。

仁厚楼家村

所谓古村，最大的魅力莫过于散布在村子中的古道、古巷、古建筑……还有从历史岁月中积淀下来的人文气息。嵊州楼家村就是一个历史悠久的古村，尤以商贾

居多，其中最为人熟知也最为富有的，当数一代巨商楼景晖。

楼景晖，字映斋，嵊州人，清末民初商人。主营丝织业、茶业和纸业。他是浙江近代工业的开创者之一，早年在宁波开设纸行，后至上海创办丝厂、茶栈，经营外销丝绵、珠茶。

同治元年（1862），其父楼启东在楼家江被粤匪杀害，那年他十六岁，家境一下变得贫困，连一个麻糍都吃不上。

楼景晖在父亲死后，去村中一户人家书房帮忙，以此补贴家用。饥饿难忍时，他常去厨房盛点冷饭充饥。一天，站在凳上挂饭篮时，一不小心饭篮跌落在地，于是他偷饭吃的事便在村里传开了。

他感到无脸见人，就由别人介绍到宁波，在楼启瑞开的纸行当学徒，在去宁波路上，经过村口的小庙时，他许了个心愿：“如果关老爷保佑我大富大贵，我将重修庙宇，改换金身。”

做了学徒后，他做事聪明又勤快，深得老板心。一天纸行的经理趁老板不在，把纸行的纸都低价批发出去，然后逃走，想在老板不知纸张下落的情况下，吞下这笔纸钱。

店老板楼启瑞回来后，急得不知如何是好。可楼景晖却说不要紧，因为那经理在批发、记账时，他在侧面看到过。凭着过目不忘的记忆力，他把所有拨到外地的纸，拨在什么地方、收货人是谁，都记得清清楚楚。因此楼启瑞把所有的纸钱都追了回来，此后，楼启瑞更对他刮目相看了。

后来楼启瑞由于年事渐高，便把大亨通纸行盘给了楼景晖经营。由于楼景晖态度和气、经营有方，纸的质量好、价格适宜，所以大亨通纸行有很强的竞争力，但也因此受到别的纸行的妒忌，他们通过官府以不正当竞争的罪名查封大亨通纸行。楼景晖此时虽在经商方面已有过人之处，但在钩心斗角方面不如人家。老天相助，想不到一个意外，使他时来运转。

据说，当年京中的一个翰林院编修曾是楼启瑞的堂弟楼启赉的学生。他要到宁波来当道台，临行前问楼启赉："先生，我要到您邻府去当道台，您有什么吩咐？" 楼启赉想了好久，想不出有什么事要办，此时他想起了在宁波开大亨通纸行的堂兄楼启瑞，就对他学生说了此事。

道台坐船到宁波，未下船时就让公差把名片送到大亨通纸行，并称之为世兄。楼景晖明知道台道弄错了，可他还是把名片接下来，去迎接那道台。此事在宁波成了爆炸新闻，惊动了一方人士。当时封他门的几家纸行吓得要命，当即请人到楼景晖那里讲好话，并愿意赔偿损失。楼景晖心想冤仇宜解不宜结，此事就这样算了。

从此，只要楼景晖到钱庄借钱，所有的钱庄都乐意借他。有的企业、商店要亏损倒闭，只要有楼景晖合股就会有盈利，这主要是因为楼景晖有过人的管理才能，而且有他的合股，黑社会也不敢来敲诈了。他名副其实地成了嵊州前无古人、后无来者的巨商。

楼景晖为家乡办了不少公益事业，重修宗祠，助银编写民国县志。他也曾独自出资一万银圆建造嵊州南桥。1922 年，大水冲毁了楼家村的拦河堤坝，危及楼家村，他又出资一万银圆修筑了一条拦河堤坝，现在的石雅公路就是从此堤上通过的。

每个人的成功都不是随随便便得到的，楼景晖成为富商之前也经历了许许多多的困难，难能可贵的是他依旧保持初心。他善良、仁厚的美好品质，不仅为他的人生道路添砖加瓦，也为楼家村增添了光彩。

裘甫裘村岭

先有陈胜吴广起义冲击秦的统治，后有裘甫起义揭开唐末农民起义的序幕。

裘甫，谱名裘全，字德完，绍兴嵊州裘村人。唐贞元九年（793）九月二十五日，出生于剡县（今嵊州）康乐乡裘村。他是唐末浙东农民起义领袖，自称“天下都知兵马使”，而裘村裘氏宗谱里则以“兵部尚书”等职位假托。

唐朝末期，统治集团贪残昏朽，政治黑暗，社会矛盾日趋尖锐。在安史之乱后，食盐被官府垄断，严禁私人贩盐。而官盐短缺，私盐贩运更加泛滥。为了应对官军的围剿、追捕，贩盐者多有组织，且有武装。他们拉帮结派、持械啸聚，反抗官府的力度也不断提高。

裘甫身材魁梧，胆识过人，又吃苦耐劳，便在这群人中脱颖而出，很快成了剡东私盐贩子的领头人。

贩盐期间，裘甫兄弟们就已经熟悉奉化县鄞阳乡一带的地形，并且为年迈的父亲选择了一处墓地。唐大中五年（851），裘甫与裘播、裘周两位兄长一同从剡县裘村岭扶父亲裘积灵柩东来，将父亲葬于奉化县鄞阳乡大明堂。安葬完后，裘甫在此守孝三年，期满后返还剡县。

唐大中十一年（857），裘甫带领裘村裘家盐帮四百六十三户盐贩，暂时迁到鄞阳乡大明堂附近建立村寨。"在户籍簿上，他们都姓裘。"裘村的盐贩们，昼伏夜行于象山港两岸各盐场与剡县之间，冒着生命危险赚钱活命。因此，村子里经常没有一个男人。可是新建的村寨总需要有人打理与防卫，于是裘甫就想了个主意，他组织娘子军，让留守的成年妇女，负责这座新村寨的防卫。

唐大中十三年（859）十二月末，除夕将临，裘家盐帮与象山县衙不幸相逢，县衙缉拿了部分盐贩。于是，裘甫索性召集数百位裘家盐帮兄弟，一举攻克了县城，浙东为之震动，苦难深重的浙东农民纷纷投奔起义军。因为浙东地区是唐政府统治力量比较薄弱的地区，“人不习战，甲兵朽钝，见卒不满三百”，所以裘甫领导的农民军较快攻下象山县也是正常之事，附近农民的加入也为农民军增加了力量。他们又乘胜攻下剡县，并在剡县建立政权，裘甫被推为天下都知兵马使，改年号“罗平”，铸印“天平”，表达了农民要求平均的愿望。

起义军的节节胜利，一时声震中原，使唐懿宗“每以越盗为忧”。于是，急忙派王式为浙东观察使率军镇压，并把留居浙东的吐蕃、回纥人征为骑兵，连同浙东的地主武装一起向农民军扑来。

由于寡不敌众，起义军多次失利，最后退守剡县城，与唐军展开激烈战斗，就连城中妇女也编成女军，以石块投击敌人。但终因力量相差悬殊，剡县失守，裘甫被俘，起义失败，前后历时八个月之久。

在这次起义中，还有一百二十二位裘村盐帮兄弟，即裘甫宗人为此捐身。裘甫起义军在浙东英勇战斗八个月，动摇了腐朽的唐王朝，在中国历史上写下了浓墨重彩的一页。

裘甫起义虽然失败了，但却揭开了唐末农民起义的序幕，为大规模农民起义的爆发创造了条件。他的英勇形象为后世的子子孙孙树立了典范，裘村也因为有他这样的始祖而熠熠闪光。

忠义杜联村

嵊州市三界镇杜联村，曾先后被命名为笕竹湾和浣溪村。据1983年编纂的《嵊县地名志》记载：“杜联大队，曾名新风大队，驻杜家堡。在农业合作化时，由七个低级社联合组成为杜联高级社。‘杜联’之名由此而来。”

杜联村之所以曾被称为浣溪村，是因为它有着八百多年的浣溪文明。在浣溪之滨，一座重建于20世纪末期的“杜氏世庙”巍然矗立，只见殿宇洋洋、亭院深深，屋舍俨然鳞次栉比，红墙黛瓦绿树掩映。这“杜氏世庙”便是浣溪文明的象征，同时，也是为了纪念忠臣元帅杜太公而建。

杜太公名圭，字公用，生于北宋神宗元丰元年（1078）。“位卑未敢忘忧国，身微有志卫九州”，是杜太公一生的抱负和信念。忠君报国，为国效力，他的美好品质被传为佳话。

舍家纾难，运粮济危军。北宋崇宁三年（1104），西夏进犯，包围了天水，朝廷用兵失利，导致军民粮绝，陷入了窘境。杜太公听说了这件事后很愤慨，他说："国家兴亡，匹夫有责，人生不为朝家出力，如君臣大义何？"于是，他便倾尽全家粮食和钱财，用来接济宋军和人民，终于解除了天水之围。宋军得胜回朝，圣上心中大喜，想要封赏杜太公，便敕封太公为宣议郎，诰封其妻袁氏为贤议院君。

忠君报国，南渡扶宋室。北宋靖康年间（1127），金兵大举进军南部，攻陷了汴京，掳走徽钦二帝，史称靖康之变。其后宋高宗仓皇逃跑，一路南奔，中原动荡不安、生灵涂炭。杜太公身受亡国之痛，不愿成为异国臣民，毅然带了父母妻儿和两位兄长随驾南渡，也就是说跟着宋高宗的"行朝"（流亡政府）向南方逃跑，千里跋涉，于建炎三年（1129）十月，来到越州一座峻岭暂时停留。怎知周边有众多盗贼，高宗深感不安，于是让杜太公带兵围剿。杜太公临危受命、身先士卒、勇冠三军，终于完成了阻击任务。他数月后回到峻岭复命，谁料高宗已经转移到别处去了。就这样，君臣失去了联系。

烈士暮年，归隐杜家山。杜太公与宋高宗“行朝”失去了联系，壮志未酬，报国无门，想想自己已经五十多岁了，便萌生隐退之念，带着全家老小，寻山问水，见一处层峦四面耸翠、涧溪流水清澈，面露喜色，心想“寻得桃源好避秦”，便隐居于此，把此地命名为杜家山，耕作、读书，不求闻达于世。南宋绍兴十年（1140），杜太公无疾而终。太公一生虽然壮志未酬，但也浩气长存。

生前忠诚，死后褒封。杜太公死后，明嘉靖年间“帝嘉其生前救驾有功”，赐予杜太公“忠臣元帅”的封号；又于都保之东建四柱三层当道石牌坊一座，上刻“文官下轿，武官下马”；圣旨一道以资表彰云云。

历朝历代，许多仁人志士都有着与杜太公一样的忧国忧民思想，以国事为己任，前仆后继，临难不屈，保卫祖国，关怀民生。

爱国是谭嗣同“我自横刀向天笑，去留肝胆两昆仑”的无畏，是文天祥“人生自古谁无死，留取丹心照汗青”的豪情，是范仲淹“先天下之忧而忧，后天下之乐而乐”的无私。

爱国并非言语的浮夸，而是行动的实践。杜太公也用他的行动向我们展示了爱国情怀，为杜联村增添光彩。

墨香华堂村

华堂村地处嵊州金庭平溪江畔，卧龙山脉毓秀山麓，与溪流、群山构成和谐的空间环境。根据山水的走势，古村自东而西设置了前街和后街，作为主要的商业街

道。这里是书圣王羲之后裔的聚居地。

古时因王氏后裔擅长书画，常在此挥毫洒墨，所以村落中充满着书香、墨香，他们的作品挂满了书房、厅堂，人称“华院画堂”，后遂改名为华堂，这便是华堂村名的由来。

在东晋永和十一年（355），王羲之称病弃官，因慕金庭山水之胜，便带妻携子来此隐居。自此，王氏家族及其建筑伴着街巷民居点缀着这座古村落，王氏家族开始在这里繁衍生息。

王羲之去世后，被葬于金庭乡瀑布山下。据《剡录》载：“王右军墓，在县东孝嘉乡五十里。”这里青山环抱，碧流蜿蜒，古人谓此“壮洞天之形胜，为福地之灵宗”。

风景如画的瀑布山有一个美丽的传说，在瀑布山对面有一座五老峰，当地人称笔挂峰。传说王羲之每次写字，山上的狐狸精就化成一个美丽的少女，替“书圣”铺纸、研墨，还把尾巴变成毛笔，让“书圣”挥毫着墨，作神奇之笔。“书圣”作完书画，就把笔挂在五老峰上，五老峰就成了笔挂峰。

这个美丽的传说是人们对“书圣”的神化。但事实上，王羲之为了写好字，也的确付出了许多心血与努力。他日夜不停地练，洗砚洗笔竟把碧清的荷花池都染黑了，荷花池变成了“墨池”。

有一次，他把字写在木板上，拿给刻字的人照着雕刻。刻字的人用刀削木板时发现笔迹竟然透进木板里有三分深度，这件事情轰动了整个京城，成语“入木三分”也由此而来。用毛笔在木板上写字，笔迹竟能透进三分深度，除了身怀绝技的人还有谁会有这种能力呢？由此，我们也可以看出这位“书圣”所写的字，笔力非常雄厚，已经到了炉火纯青的地步。这些勤学苦练的故事像珍珠一样撒在民间，成了人们教育后人的美谈。

一人，一纸，一笔，在纸上王羲之写出了行云流水般的书法，写出了他坚毅、勤奋的高尚品质。他的字，隽秀又不失锋芒，唯有“毫端蕴秀临霜写，口齿噙香对月吟”的清新境遇才能形容吧。

若无一横一竖的堆积，何来一撇一捺的人生？王羲之不仅让他的人生熠熠闪光，也使华堂村更加美好。

含辉竹溪村

宋淳熙四年（1177），吴越国的创建者、武肃王钱镠的第九世孙钱蕙偶然经过竹溪，被这里茂林修竹、山水相依的美景所打动，于是就和弟弟钱芝在这里住了下

来。因为这个村的村基为溪边苦竹丛生的滩地，所以叫苦竹溪。一直到新中国成立后，人们生活苦尽甘来，才去“苦”字称“竹溪”。竹溪村位于嵊州市西部山区，是海拔五百米的深山古村，有着嵊州西部第一村的美誉。

竹溪的台门都有一个别处少见的特点，就是少有正门，多为龙虎门。所谓龙虎门，就是旁门，或者便门。如今竹溪保存最为完整的就是竹溪村的标志性建筑——旗杆台门，相传为钱镠第三十世孙、时称浙东首富的钱万象在道光年间建的，共有六十六间屋。

旗杆台门的前檐护墙上，一块用满文撰写的石碑颇为引人注目，写的是“蕴玉含辉”，是嘉庆皇帝的妹夫、和珅的儿子丰绅殷德为感谢钱万象救命之恩而写的。这块石碑虽然没有落款却扬名天下，是竹溪村的镇村之宝。

和珅在朝二十多年，乾隆皇帝对他的喜爱可谓达到了顶点，不但对他十分信任，委以重任，还将自己最喜欢的第十个女儿固伦和孝公主嫁给了他的儿子丰绅殷德。

依仗乾隆的宠信，和珅开始大肆搜刮民脂民膏、收受贿赂，这引起了很多人对他的不满，和珅早已不得民心。

乾隆死后，嘉庆皇帝很快抄没了和珅的家产，并将他送上了断头台。

为了逃避杀身之祸，身为嘉庆皇帝妹夫的丰绅殷德不得不隐姓埋名，只身逃到竹溪，在钱万象的家中隐居了很长一段时间。这段时间丰绅殷德活得逍遥自在，除了不能暴露自己的真实身份之外，其他的生活都十分惬意。在竹溪村，他见到了许多在京城无法见到的稀奇古怪的事情，虽然远离京城，但是钱万象把他照顾得很好，可谓衣食无忧。

京城的固伦和孝公主思夫心切，三天两头到皇兄那里哭诉，因“公主平日最为皇考钟爱，自应仰体恩慈，曲加体恤”，皇帝实在是受不了自己的妹妹这样的劝说和哭诉，就免去了丰绅殷德的死罪，仍保留伯爵，但规定“在家闲住，不许外出滋事”。

丰绅殷德回到京城后，为了感谢钱万象一家对他的照顾，手书满文“蕴玉含辉”石匾一块，派人送到竹溪。由于嘉庆皇帝有言在先，所以丰绅殷德在这块石匾上既没有落款，也没有留下时间。

因 20 世纪 90 年代的一场大火，旗杆台门被烧掉了一部分，但主体建筑依然保存完好，延续着这幢老房子的百年传奇。

在嵊州竹溪村，有无数个地方映照着历史的痕迹，这块写着“蕴玉含辉”的石碑如是，那村落中缓缓升起的炊烟亦如是。